河南省工程建设标准设计

钢丝网片组合保温板现浇混凝土墙体建筑构造

DBJT19-01-2019

河南省工程建设标准设计管理办公室　主编

黄河水利出版社

·郑州·

图书在版编目（CIP）数据

钢丝网片组合保温板现浇混凝土墙体建筑构造/ 河
南省工程建设标准设计管理办公室主编.—郑州：黄河
水利出版社，2020.1
ISBN 978-7-5509-2588-5

Ⅰ.①钢…　Ⅱ.①河…　Ⅲ.①钢丝网水泥结构–保温
板–现浇混凝土–墙体结构–建筑构造–地方标准–河南
Ⅳ.①TU761.1-65

中国版本图书馆 CIP 数据核字（2020）第 011666 号

策划编辑：贾会珍　　　电话：0371-66028027　　　E-mail：xiaojia619@126.com

出 版 社：黄河水利出版社

地址：郑州市金水区顺河路黄委会综合楼 14 层　　　邮政编码：450003

发行单位：黄河水利出版社

发行部电话：0371-66026940、66020550、66028024、66022620（传真）

E-mail：hhslcbs@126.com

承印单位：郑州市兴华印刷有限公司

开本：787mm×1 092mm　1/16

印张：2.5

字数：58 千字　　　　　　　　　　　　　　　　　印数：1—1 600

版次：2020 年 1 月第 1 版　　　　　　　　　　　印次：2020 年 1 月第 1 次印刷

定价：40.00 元

河南省工程建设标准设计

公 告

第 3 号

关于发布河南省工程建设标准设计《钢丝网片组合保温板现浇混凝土墙体建筑构造》图集的公告

由郑州大学综合设计研究院有限公司编制的《钢丝网片组合保温板现浇混凝土墙体建筑构造》标准设计图集，经河南省工程建设标准设计技术委员会评审通过，现批准发布为河南省标准设计，自2020.1.1起生效。标准设计图集技术问题由编制单位负责解释。

附件：标准设计图集名称

河南省工程建设标准设计管理办公室

2019.12.1

附件

标准设计图集名称

图集号	统一编号	图集名称	编制单位	发布日期	有效期（年）
19YJT119	DBJT19-01-2019	钢丝网片组合保温板现浇混凝土墙体建筑构造	郑州大学综合设计研究院有限公司	2020.1.1	3

钢丝网片组合保温板现浇混凝土墙体建筑构造
编 审 名 单

编制组负责人： 周　芸　张明慧

编制组成员： 许化彬　王家俊　张功利　张强功　王英明　张四化　朱小青　张俊伟　王红岩

张长虹　邢学军　钟　琳　龙向天　姚凌志　刘艳红　胡　泊　赵新磊　范　强

齐晓辉　谢海彬　张亮亮　董西林　吕国栋　林明理　李佳威　蔡露露　王素芳

郭信子　段　毅　王灵灵　陈园园　李延磊　高　明

审查组组长： 李　光

审查组成员： 徐公印　郑丹枫　季三荣　周建松

技术服务电话： 0371-87535219

编制单位负责人	关 罡
编制单位技术负责人	于秋波
技 术 审 定 人	王家俊
设 计 负 责 人	周 芸
	张明慧

钢丝网片组合保温板现浇混凝土墙体建筑构造

河南省工程建设标准设计统一编号：DBJT19-01-2019　　图集号：19YJT119

编制单位：郑州大学综合设计研究院有限公司

目　录

	图集号	19YJT119
目　　录	页	01

左侧竖排：张明慧　审核　钟 琳　校对　王美明　设计　王美明　制图

编制说明

1 适用范围

1.1 本图集适用于河南省非抗震区及抗震设防烈度不大于8度的地区，建筑高度不超过100m的新建、改建和扩建的工业及民用建筑。

1.2 RQB钢丝网片组合保温板现浇混凝土墙体建筑构造（以下简称"组合保温墙体"），在满足正常施工、正常使用、正常维护的前提下，设计使用年限为50年。

1.3 本图集供建筑工程设计选用、制作安装、施工与验收等。

2 编制依据

《建筑设计防火规范》（2018年版）	GB 50016-2014
《民用建筑设计统一标准》	GB 50352-2019
《民用建筑热工设计规范》	GB 50176-2016
《建筑抗震设计规范》（2016年版）	GB 50011-2010
《公共建筑节能设计标准》	GB 50189-2015
《建筑工程施工质量验收统一标准》	GB 50300-2013
《建筑装饰装修工程质量验收标准》	GB 50210-2018
《建筑节能工程施工质量验收标准》	GB 50411-2019
《混凝土结构设计规范》（2015年版）	GB 50010-2010
《混凝土结构工程施工质量验收规范》	GB 50204-2015
《建筑工程抗震设防分类标准》	GB 50223-2008
《建筑结构荷载规范》	GB 50009-2012
《绝热用模塑聚苯乙烯泡沫塑料》	GB/T 10801.1-2002
《绝热用挤塑聚苯乙烯泡沫塑料（XPS）》	GB/T 10801.2-2018
《建筑绝热用硬质聚氨酯泡沫塑料》	GB/T 21558-2008
《泡沫塑料与橡胶线性尺寸的测定》	GB/T 6342-1996

《金属材料拉伸试验第1部分：室温试验方法》	
	GB/T 228.1-2010
《硅酮和改性硅酮建筑密封胶》	GB/T 14683-2017
《外墙外保温工程技术规程》	JGJ 144-2019
《严寒和寒冷地区居住建筑节能设计标准》	JGJ 26-2018
《夏热冬冷地区居住建筑节能设计标准》	JGJ 134-2010
《高层建筑混凝土结构技术规程》	JGJ 3-2010
《冷拔低碳钢丝应用技术规程》	JGJ 19-2010
《外墙饰面砖工程施工及验收规程》	JGJ 126-2015
《金属与石材幕墙工程技术规范》	JGJ 133-2001
《内置保温现浇混凝土复合剪力墙技术标准》	JGJ/T 451-2018
《外墙保温用锚栓》	JG/T 366-2012
《聚氨酯建筑密封胶》	JC/T 482-2017
《丙烯酸酯建筑密封胶》	JC/T 484-2006
《混凝土保温幕墙工程技术标准》	DBJ41/T 112-2019
《河南省居住建筑节能设计标准（寒冷地区75%）》	
	DBJ41/T 184-2017
《河南省公共建筑节能设计标准》	DBJ41/T 075-2016
《河南省居住建筑节能设计标准（夏热冬冷地区）》	
	DBJ41/071-2012

3 编制内容

3.1 组合保温墙体是将保温板复合在混凝土结构层、防护层（内、外叶板）之间，通过钢丝焊接网、限位连接件固定，形成的保温与结构一体化墙体。

3.2 本图集内容主要包括编制说明、建筑外墙热工计算参考

	图集号	19YJT119
编 制 说 明(一)	页	02

选用表以及构造节点详图等。

4 主要材料性能及技术要求

4.1 混凝土

防护层（内、外叶板）混凝土强度等级不应低于C25，粗骨料最大公称粒径不宜大于20mm，坍落度宜控制在200～220mm之间，应具有高流动性、均匀性和稳定性，满足墙体保温系统的结构和施工要求，且应符合《混凝土结构设计规范》GB50010、《混凝土结构工程施工质量验收规范》GB50204的相关规定。

4.2 钢丝焊接网

4.2.1 钢丝焊接网采用冷拔低碳钢丝，冷拔低碳钢丝材质应符合《冷拔低碳钢丝应用技术规程》JGJ19的相关要求，其规格和性能应符合表1的规定。

表1 冷拔低碳钢丝规格及性能

项 目		单 位	规格及性能指标
编号／符号		－	CDW550／Φ^b
直径		mm	3
抗拉强度		N/mm²	≥550
抗拉极限强度标准值		%	550
抗拉极限强度设计值		%	320
伸长率		%	≥2.0
180°反复弯曲	次数	次	≥4
	弯曲半径	mm	7.5

注：1. 抗拉强度试样应取未经机械调直的冷拔低碳钢丝；
　　　2. 伸长率测量标距为100mm。

4.2.2 钢丝焊接网的规格及性能指标应符合表2的规定。

4.3 限位连接件

4.3.1 限位连接件应符合表3的规定。

表2 钢丝焊接网规格及性能

钢筋直径（mm）	3
钢筋间距（mm）	50
间距允许偏差（mm）	±10
焊点抗剪力要求（N）	750

注：钢丝焊接网交叉点开焊数量不应超过整张网片交叉点总数的≤1%；且任一根钢丝上开焊点数不得超过该根钢丝上交叉点总数的50%；最外边钢丝上的交叉点得开焊，且应满足《冷拔低碳钢丝应用技术规程》JGJ19的要求。

表3 限位连接件的性能要求

项 目	性能要求
材质	镀锌HPB300级钢筋
直径（mm）	8
抗拉强度设计值（N/mm²）	270
限位连接件间距	≤400
距板边间距（mm）	≤100
分布形式	垂直于建筑墙体
端部连接	螺栓组合垫片连接
镀锌层平均质量（g/m）	>90

4.3.2 限位连接件中的塑料配件应采用工程塑料，且应采用原生的聚酰胺、聚乙烯或聚丙烯制造，不应使用再生材料。主要性能应满足现行行业标准《外墙保温用锚栓》JG/T366的要求。

4.4 保温板

4.4.1 组合保温墙体中保温板可采用模塑聚苯板（EPS）、石墨模塑聚苯板（SEPS）、挤塑聚苯板（XPS）、石墨挤塑聚苯板（SXPS）、聚氨酯（PU）。

4.4.2 保温板的厚度应符合国家及河南省现行节能设计标准的规定。

4.4.3 组合保温墙体中保温板性能要求应符合表4的规定。

表4 保温板性能要求

检验项目	保温板				
	EPS板	SEPS板	XPS板	SXPS板	PU板
导热系数(W/m·K)	≤0.039	≤0.033	≤0.030	≤0.026	≤0.024
压缩性能(MPa)	≥0.10		≥0.20		≥0.15
表观密度(kg/m³)	18～22		22～35		35～65
吸水率(%)	≤3.0		≤1.5		≤1.5
水蒸气渗透系数[ng/(Pa·m·s)]	≤4.5		1.5～3.5		≤4
尺寸稳定性(70℃,48h)(%)	≤0.30		≤1.2		≤2.0
燃烧性能	≥B₂级	≥B级	≥B₂级	≥B₁级	≥B₂级
垂直于板面的抗拉强度(MPa)	≥0.10		≥0.20		≥0.15
氧指数（%）	≥26		≥26		≥32

4.4.4 组合保温墙体中保温板出厂前，模塑聚苯板（EPS）、石墨模塑聚苯板（SEPS）应在自然条件下陈化不少于42d；挤塑聚苯板（XPS）、石墨挤塑聚苯板（SXPS）应在自然条件下陈化不少于28d。

4.4.5 保温板尺寸允许偏差应符合表5的规定。

表5 保温板尺寸允许偏差

项目	允许偏差	试验方法
厚度（mm）	2.0, 0.0	GB/T 6342 板面平整度使用长度为1m的靠尺进行测量,组合板尺寸小于1m的按实际尺寸测量
长度（mm）	±2.0	
宽度（mm）	±2.0	
对角线差（mm）	≤3.0	
板面平整度（mm）	≤2.0	

4.5 耐碱玻纤网布

耐碱玻纤网布的性能指标应符合表6的规定。

表6 耐碱玻纤网布的性能指标

项目	单位	性能指标
单位面积质量	g/m²	≥160
耐碱拉伸断裂强力（经、纬向）	N/50mm	≥900
耐碱拉伸断裂强力保留率（经、纬向）	%	≥75
断裂伸长率（经、纬向）	%	≤5.0

4.6 填缝材料

4.6.1 建筑密封胶应采用聚氨酯、硅酮、丙烯酸酯型建筑密封胶，其性能指标应符合《聚氨酯建筑密封胶》 JC/T482、《硅酮和改性硅酮建筑密封胶》GB/T14683、《丙烯酸酯建筑密封胶》JC/T484的有关要求外，还应与系统相关材料相容。

4.6.2 发泡聚乙烯圆棒作为建筑密封胶的隔离、背衬材料，其直径按缝宽的1.3倍选用。

4.7 无机保温砂浆

4.7.1 无机保温砂浆可选用玻化微珠等A级保温浆料，主要

张明慧
张明慧

审核

钟珠
钟珠

校对 王英明
王英明

设计 王英明
王英明

制图

用于墙体外挑构件等局部热桥部位的保温处理，其性能指标详见表7，并应符合《无机轻集料砂浆保温系统技术标准》JGJ/T253的有关规定。

表7　无机保温砂浆性能指标

项目	单位	性能指标
干表观密度	g/m³	≤450
抗压强度	MPa	≥0.50
拉伸黏结强度	MPa	≥0.10
导热系数	W/(m·K)	≤0.085
线性收缩率	%	≤0.25
软化系数	—	≥0.60
燃烧性能等级	—	A级

4.8　饰面材料

4.8.1　组合保温墙体的饰面层宜采用涂料饰面层。

4.8.2　饰面涂料应符合现行国家标准《合成树脂乳液外墙涂料》GB/T9755、《复层建筑涂料》GB/T9779和现行行业标准《外墙无机建筑涂料》JG/T26的有关规定。

4.8.3　饰面砂浆应符合现行行业标准《墙体饰面砂浆》JC/T1024的有关规定。

4.8.4　饰面砖应符合现行行业标准《外墙饰面砖工程施工及验收规程》JGJ126的有关规定。

4.8.5　饰面石材施工应为龙骨安装预留预埋件，并应符合现行行业标准《金属与石材幕墙工程技术规范》JGJ133的有关规定。

5.　技术设计要点

5.1　一般规定

5.1.1　应用组合保温墙体的地震区房屋建筑，其抗震设防类别和相应的抗震设防标准应按现行国家标准《建筑工程抗震设防分类标准》GB50223确定。

5.1.2　应用组合保温墙体的地震区房屋建筑，应根据设防类别、烈度、结构类型和房屋高度采用不同的抗震等级，其抗震等级按《建筑抗震设计规范》GB50011和《高层建筑混凝土结构技术规程》JGJ3的规定执行，并应符合相应的计算和构造措施要求。

5.1.3　组合保温墙体的布置应避免使结构形成刚度和强度分布上的突变；与主体结构应有可靠拉结，并能适应主体结构不同方向的层间位移。

5.1.4　组合保温墙体的设计，在重力荷载、风荷载、地震作用、温度作用和主体结构正常变形影响下，应具有安全性，并应符合国家标准《建筑结构荷载规范》GB50009、《建筑抗震设计规范》GB50011等的有关规定。

5.2　设计要点

5.2.1　组合保温墙体适用于建筑物地上部分的外墙、楼梯间墙、电梯间墙、分户墙等，可分为复合承重墙、复合填充墙。

5.2.2　组合保温墙体的防护层（内、外叶板）厚度不小于50mm。

5.3　构造措施

5.3.1　组合保温墙体伸缩缝的最大间距应按照现行国家标准《混凝土结构设计规范》GB50010中相关规定执行。

5.3.2　组合保温墙体中保温板的水平接缝应设在楼、地面或屋面；竖向直缝宜设在竖向边缘构件处，否则应将接缝设在受力较小处，且应在接缝处设钢丝焊接网片。

5.3.3　防护层（内、外叶板）应设置竖向防裂引导缝，其最大间距不宜大于12m。防裂引导缝宜设在主体墙与填充墙的交接部位，且不得影响建筑外观设计。 引导缝宽度不宜大于10mm，深度不宜大于20mm且不得大于钢丝焊接网保护层的厚度。 引导缝可切割混凝土后用外墙填缝胶填实，也可浇筑混凝土加固。

5.3.4 组合保温墙体中，在结构楼层位置均应设置混凝土挑以承担保温层、 防护层（内、外叶板）等荷载，具体由工程设计计算确定。

5.3.5 防护层（内、外叶板）钢筋配筋率不应小于0.20%， 钢筋直径不应小于3mm，间距不应大于100mm。 防护层（内、外叶板）面层厚度不应小于15 mm。

5.3.6 组合保温墙体中钢丝焊接网片的水平向连接应满足以下要求： 防护层（内、外叶板）钢丝焊接网片水平向连接应搭接不小于φ3的钢丝焊接网片，搭接采用扣搭方式，搭接长度不应小于200mm且不小于1个网格； 在墙体端部及洞口周边应采用不小于φ3 U形、L形钢丝焊接网片， 或采用钢筋进行加固连接，钢筋间距不应大于200mm，直径不应小于6mm。

5.3.7 组合保温墙体中钢丝焊接网片的竖向钢筋连接应采用钢筋连接， 钢筋间距不应大于200mm，直径不应小于6mm，搭接长度不小于300mm。

5.3.8 组合保温墙体中当复合填充墙长度超过5m 或层高的2倍时，填充墙中部设置构造柱。 复合填充墙的门窗洞口处均应设置过梁和构造柱，具体由工程设计确定。

5.3.9 组合保温墙体中的限位连接件选用的钢筋直径不应小于8mm，间距不应大于400mm，限位连接件距板边不得大于100mm。钢筋两端应用限位连接件固定， 并在各材料之间衬塑料垫片支撑，且塑料垫片的尺寸不应影响混凝土骨料密实。

5.4 节能设计

5.4.1 组合保温墙体的节能设计除应符合本规程相关规定外，尚应符合现行国家及河南省节能标准的相关要求。

5.4.2 外门窗洞口等易出现热桥的部位应采取保温措施，应对可能产生热桥的部位进行结露验算， 并应采取防结露的措施。

5.4.3 墙板热工设计时考虑保温板压缩、保温板凹槽的影响及热桥部位的热损失，并参照《民用建筑热工设计规范》GB50176对保温材料进行修正，保温板导热系数、修正系数详见表8。

表8 保温板导热系数及修正系数表

项 目	导热系数W/(m·K)	修正系数
EPS	0.039	1.15
SEPS	0.033	1.15
XPS	0.030	1.20
SXPS	0.026	1.20
PU	0.024	1.25

5.4.4 组合保温墙体端部防护层的厚度不应小于50mm，可能出现冷凝时应进行二次保温处理， 保温层的搭接长度不宜小于50mm。系统应做好在檐口、勒脚处的包边处理。 装饰缝、门窗四角和阴阳角等处应附加钢丝网片。

6 施工与验收

6.1 组合保温墙体工程施工及验收应按照现行国家标准《建筑工程施工质量验收统一标准》GB50300、《建筑装饰装修工程质量验收标准》GB50210、《建筑节能工程施工质量验收标准》GB50411等有关规定。

6.2 组合保温墙体工程施工前应编制专项施工方案，对施工人员进行技术交底，应做出样板再大面积施工。

6.3 组合保温墙体工程施工过程中应及时进行质量检查、隐蔽工程验收和检验批验收，并应有详细的文字记录和必要的图像资料。

6.4 组合保温墙体工程竣工验收应提交以下文件：

（1）设计文件、图纸会审记录、设计变更；

（2）设计与施工执行标准、文件；

（3）各项材料产品等质量合格证、出厂检验报告、有效期内检验报告及进场验收记录；

（4）各项材料产品等进场抽检复验报告；

（5）各项隐蔽验收记录；

（6）检验批、分项工程验收记录；

（7）施工记录；

（8）质量问题处理记录；

（9）其他必须提供的资料。

7 详图索引方法

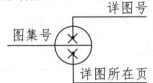

8 其他

8.1 图例

XPS板、SXPS板、EPS板、SEPS板、PU板	
无机保温砂浆	钢筋混凝土
其他保温材料	混凝土

8.2 本图集尺寸除注明外均以毫米（mm）为单位。

8.3 本图集未尽事宜，应按现行国家和河南省标准及有关技术法规文件执行。

8.4 本图集供建设、设计、施工、监理、验收及相关管理部门使用。

8.5 在设计和施工过程中，本图集所依据的规范、标准若有新版本，选用者应按有效版本对相关做法进行检查调整，以符合相关规范有效版本的规定。

复合承重墙建筑构造

构造简图及说明

1	饰面层	详见单项工程设计
2	防护层外叶板	防护层外叶板强度等级不应低于C25，厚度不应小于50mm，不宜大于60mm，且不宜大于结构层厚1/2
3	保温层	可选用EPS、SEPS、XPS、SXPS、PU，优先使用XPS；厚度详单项工程设计
4	承重墙	详见单项工程设计。
5	限位连接件	镀锌HPB300级钢筋，直径不小于8mm；塑料配件为工程塑料。
6	钢丝焊接网	直径不宜小于3mm，间距不宜大于50mm。

| 复合承重墙建筑构造 | 图集号 | 19YJT119 |
| | 页 | 1 |

复合填充墙建筑构造

	构造简图及说明	
1	饰面层	详见单项工程设计
2	防护层外叶板	防护层外叶板强度等级不应低于C25，厚度不应小于50mm，不宜大于60mm，且不宜大于结构层厚1/2
3	保温层	可选用EPS、SEPS、XPS、SXPS、PU，优先使用EPS；厚度详单项工程设计
4	防护层内叶板	防护层内叶板强度等级不应低于C25，厚度不应小于50mm，不宜大于60mm，且不宜大于结构层厚1/2
5	限位连接件	镀锌HPB300级钢筋，直径不小于8mm；塑料配件为工程塑料
6	钢丝焊接网	直径不宜小于3mm，间距不宜大于50mm

复合填充墙建筑构造	图集号	19YJT119
	页	2

组合保温墙体建筑构造参考做法及热工性能参数选用表（一）

外墙构造	构造做法		墙体总厚度（mm）	导热系数（W/m·K）	蓄热系数（W/m²·K）	修正系数	各层热阻（m²·K/W）	总热阻（m²·K/W）	热惰性指标	总热惰性指标	传热系数（W/m²·K）
	各层用材	厚度 δ（mm）									
	1. 防护层外叶板	50		1.74	17.06	1.00	0.03		0.49		
	2. EPS板	50	280	0.039	0.36	1.15	1.11	1.40	0.40	2.65	0.72
		60	290	0.039	0.36	1.15	1.34	1.62	0.48	2.74	0.62
		70	300	0.039	0.36	1.15	1.56	1.84	0.56	2.82	0.54
	3. 钢筋混凝土	180		1.74	17.06	1.00	0.10		1.76		
	1. 防护层外叶板	50		1.74	17.06	1.00	0.03		0.51		
	2. EPS板	50	300	0.039	0.36	1.15	1.11	1.41	0.40	2.85	0.71
		60	310	0.039	0.36	1.15	1.34	1.63	0.48	2.93	0.61
		70	320	0.039	0.36	1.15	1.56	1.85	0.56	3.01	0.54
	3. 钢筋混凝土	200		1.74	17.06	1.00	0.11		1.88		

注：1. 以上数值是依据国家现行标准《民用建筑热工设计规范》GB50176中计算方法求得；
   2. 总热阻计算中内、外表面换热阻分别取值为0.11、0.04。

	图集号	19YJT119
热工性能参数选用表（一）	页	3

组合保温墙体建筑构造参考做法及热工性能参数选用表（二）

外墙构造	构造做法		墙体总厚度 (mm)	导热系数 (W/m·K)	蓄热系数 (W/m²·K)	修正系数	各层热阻 (m²·K/W)	总热阻 (m²·K/W)	热惰性指标	总热惰性指标	传热系数 (W/m²·K)
	各层用材	厚度 δ (mm)									
	1. 防护层外叶板	50		1.74	17.06	1.00	0.03		0.49		
	2. SEPS板	50	280	0.033	0.36	1.15	1.32	1.60	0.47	2.73	0.63
		60	290	0.033	0.36	1.15	1.58	1.86	0.57	2.82	0.54
		70	300	0.033	0.36	1.15	1.84	2.13	0.66	2.92	0.47
	3. 钢筋混凝土	180		1.74	17.06	1.00	0.10		1.76		
	1. 防护层外叶板	50		1.74	17.06	1.00	0.03		0.49		
	2. SEPS板	50	300	0.033	0.36	1.15	1.32	1.61	0.47	2.93	0.62
		60	310	0.033	0.36	1.15	1.58	1.87	0.57	3.02	0.53
		70	320	0.033	0.36	1.15	1.84	2.14	0.66	3.12	0.47
	3. 钢筋混凝土	200		1.74	17.06	1.00	0.11		1.96		

注：1. 以上数值是依据国家现行标准《民用建筑热工设计规范》GB50176中计算方法求得；

2. 总热阻计算中内、外表面换热阻分别取值为0.11、0.04。

	图集号	19YJT119
热工性能参数选用表（二）	页	4

组合保温墙体建筑构造参考做法及热工性能参数选用表（三）

外墙构造	构造做法		墙体总厚度（mm）	导热系数（W/m·K）	蓄热系数（W/m²·K）	修正系数	各层热阻（m²·K/W）	总热阻（m²·K/W）	热惰性指标	总热惰性指标	传热系数（W/m²·K）
	各层用材	厚度 δ（mm）									
	1. 防护层外叶板	50		1.74	17.06	1.00	0.03		0.49		
	2. XPS板	50	280	0.030	0.54	1.20	1.39	1.67	0.75	3.01	0.60
		60	290	0.030	0.54	1.20	1.67	1.95	0.90	3.16	0.51
		70	300	0.030	0.54	1.20	1.94	2.23	1.05	3.31	0.45
	3. 钢筋混凝土	180		1.74	17.06	1.00	0.10		1.76		
	1. 防护层外叶板	50		1.74	17.06	1.00	0.03		0.49		
	2. XPS板	50	300	0.030	0.54	1.20	1.39	1.68	0.75	3.20	0.59
		60	310	0.030	0.54	1.20	1.67	1.94	0.90	3.35	0.51
		70	320	0.030	0.54	1.20	1.94	2.24	1.05	3.50	0.45
	3. 钢筋混凝土	200		1.74	17.06	1.00	0.11		1.96		

注：1. 以上数值是依据国家现行标准《民用建筑热工设计规范》GB50176中计算方法求得；

　　2. 总热阻计算中内、外表面换热阻分别取值为0.11、0.04。

组合保温墙体建筑构造参考做法及热工性能参数选用表（四）

外墙构造	构造做法		墙体总厚度（mm）	导热系数（W/m·K）	蓄热系数（W/m²·K）	修正系数	各层热阻（m²·K/W）	总热阻（m²·K/W）	热惰性指标	总热惰性指标	传热系数（W/m²·K）
	各层用材	厚度 δ（mm）									
	1. 防护层外叶板	50		1.74	17.06	1.00	0.03		0.49		
	2. SXPS板	50	280	0.026	0.54	1.20	1.60	1.88	0.87	3.12	0.53
		60	290	0.026	0.54	1.20	1.92	2.21	1.04	3.29	0.45
		70	300	0.026	0.54	1.20	2.24	2.53	1.21	3.47	0.40
	3. 钢筋混凝土	180		1.74	17.06	1.00	0.10		1.76		
	1. 防护层外叶板	50		1.74	17.06	1.00	0.03		0.49		
	2. SXPS板	50	300	0.026	0.54	1.20	1.60	1.90	0.87	3.31	0.53
		60	310	0.026	0.54	1.20	1.92	2.22	1.04	3.49	0.45
		70	320	0.026	0.54	1.20	2.24	2.54	1.21	3.66	0.39
	3. 钢筋混凝土	200		1.74	17.06	1.00	0.11		1.96		

注：1. 以上数值是依据国家现行标准《民用建筑热工设计规范》GB50176中计算方法求得；
    2. 总热阻计算中内、外表面换热阻分别取值为0.11、0.04。

组合保温墙体建筑构造参考做法及热工性能参数选用表（五）

外墙构造	各层用材	厚度 δ（mm）	墙体总厚度（mm）	导热系数（W/m·K）	蓄热系数（W/m²·K）	修正系数	各层热阻（m²·K/W）	总热阻（m²·K/W）	热惰性指标	总热惰性指标	传热系数（W/m²·K）
	1. 防护层外叶板	50		1.74	17.06	1.00	0.03		0.49		
	2. PU板	50	280	0.024	0.36	1.25	1.67	1.88	0.60	2.86	0.51
		60	290	0.024	0.36	1.25	2.00	2.28	0.72	2.98	0.44
		70	300	0.024	0.36	1.25	2.33	2.62	0.84	3.10	0.38
	3. 钢筋混凝土	180		1.74	17.06	1.00	0.10		1.76		
	1. 防护层外叶板	50		1.74	17.06	1.00	0.03		0.49		
	2. PU板	50	300	0.024	0.36	1.25	1.67	1.96	0.60	3.05	0.51
		60	310	0.024	0.36	1.25	2.00	2.29	0.72	3.17	0.44
		70	320	0.024	0.36	1.25	2.33	2.63	0.84	3.29	0.38
	3. 钢筋混凝土	200		1.74	17.06	1.00	0.11		1.96		

注：1. 以上数值是依据国家现行标准《民用建筑热工设计规范》GB50176中计算方法求得；
　　2. 总热阻计算中内、外表面换热阻分别取值为0.11、0.04。

组合保温墙体建筑构造参考做法及热工性能参数选用表（六）

外墙构造	构造做法		墙体总厚度（mm）	导热系数（W/m·K）	蓄热系数（W/m²·K）	修正系数	各层热阻（m²·K/W）	总热阻（m²·K/W）	热惰性指标	总热惰性指标	传热系数（W/m²·K）
	各层用材	厚度 δ（mm）									
	1. 防护层内叶板	60		1.74	17.06	1.00	0.03		0.59		
	2. EPS板	180	300	0.039	0.36	1.15	4.01	4.23	1.44	2.62	0.24
		190	310	0.039	0.36	1.15	4.24	4.46	1.53	4.46	0.22
		200	320	0.039	0.36	1.15	4.46	4.68	1.61	2.78	0.21
	3. 防护层外叶板	60		1.74	17.06	1.00	0.03		0.59		

注：1. 以上数值是依据国家现行标准《民用建筑热工设计规范》GB50176中计算方法求得；
    2. 总热阻计算中内、外表面换热阻分别取值为0.11、0.04。

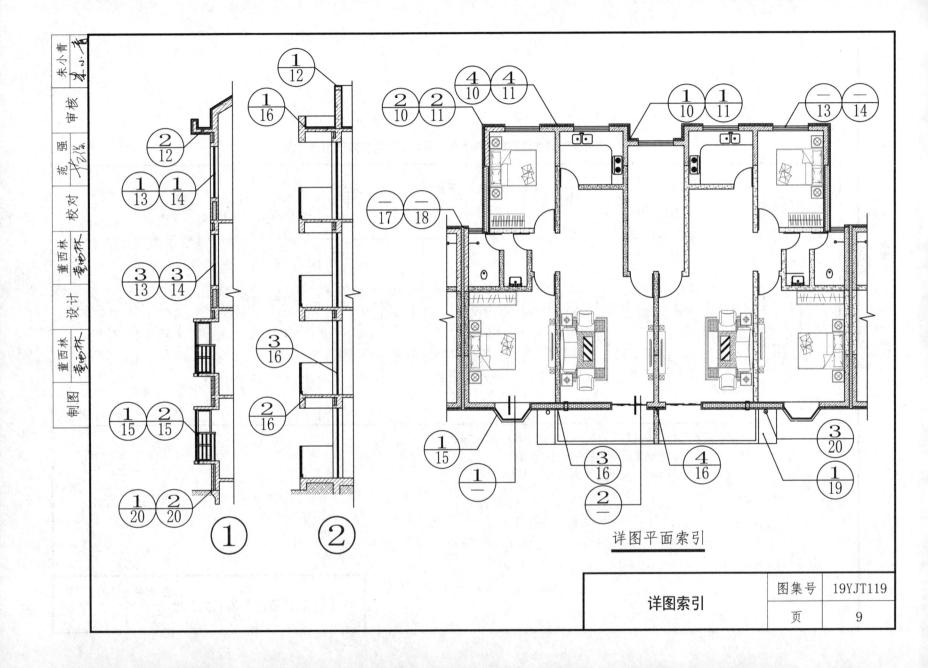

详图平面索引

详图索引

图集号	19YJT119
页	9

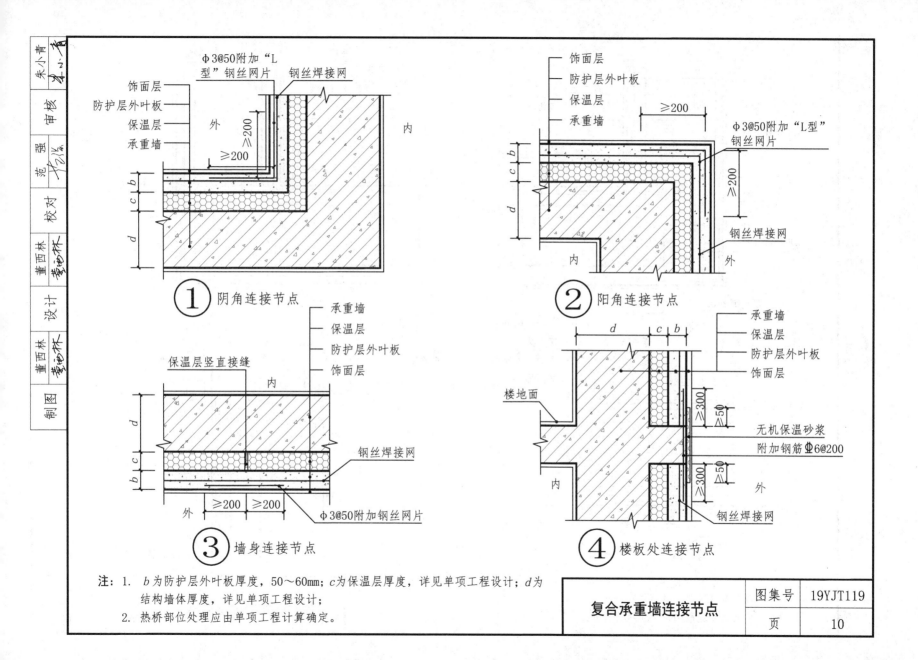

① 阴角连接节点

② 阳角连接节点

③ 墙身连接节点

④ 楼板处连接节点

注：1. b为防护层外叶板厚度，50～60mm；c为保温层厚度，详见单项工程设计；d为
结构墙体厚度，详见单项工程设计；
2. 热桥部位处理应由单项工程计算确定。

复合承重墙连接节点

图集号 19YJT119

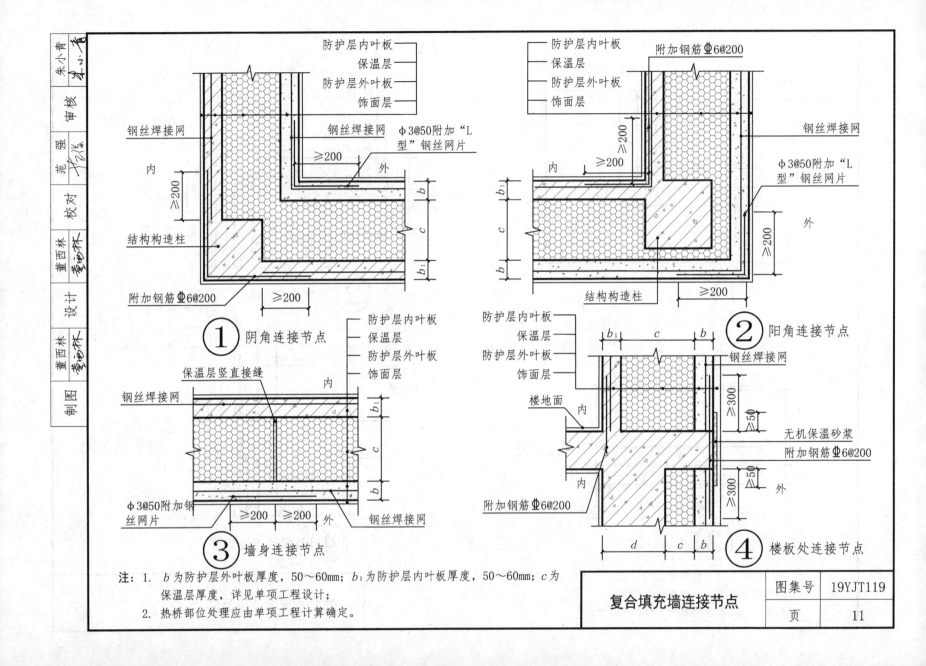

① 阴角连接节点

② 阳角连接节点

③ 墙身连接节点

④ 楼板处连接节点

防护层内叶板
保温层
防护层外叶板
饰面层

钢丝焊接网
≥200
内
≥200
外
结构构造柱
附加钢筋Φ6@200
≥200
Φ3@50附加"L型"钢丝网片

附加钢筋Φ6@200
≥200
钢丝焊接网
Φ3@50附加"L型"钢丝网片
结构构造柱
≥200

保温层竖直接缝
钢丝焊接网
内
Φ3@50附加钢丝网片
≥200 ≥200 外
钢丝焊接网

楼地面
内
无机保温砂浆
附加钢筋Φ6@200
内
≥300 ≥50
附加钢筋Φ6@200
≥300 ≥50
外
d c b

注：1. b为防护层外叶板厚度，50～60mm；b₁为防护层内叶板厚度，50～60mm；c为
保温层厚度，详见单项工程设计；
2. 热桥部位处理应由单项工程计算确定。

复合填充墙连接节点

图集号 19YJT119
页 11

朱小青

审核

范 强

校对

董西林

设 计

董西林

制图

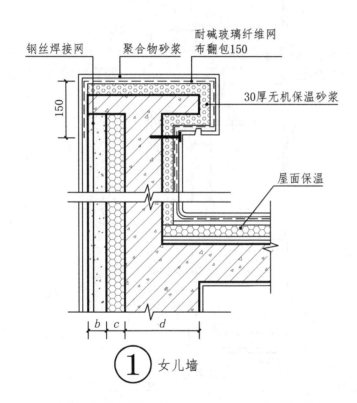

① 女儿墙

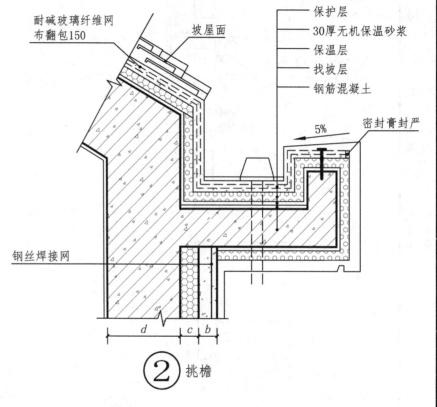

② 挑檐

注：1. *b*为防护层外叶板厚度，50～60mm；*c*为保温层厚度，详见单项工程设计；*d*为
　　　结构墙体厚度，详见单项工程设计；
　　2. 屋面泛水详见单项工程设计。

| 女儿墙和挑檐 | 图集号 | 19YJT119 |
| | 页 | 12 |

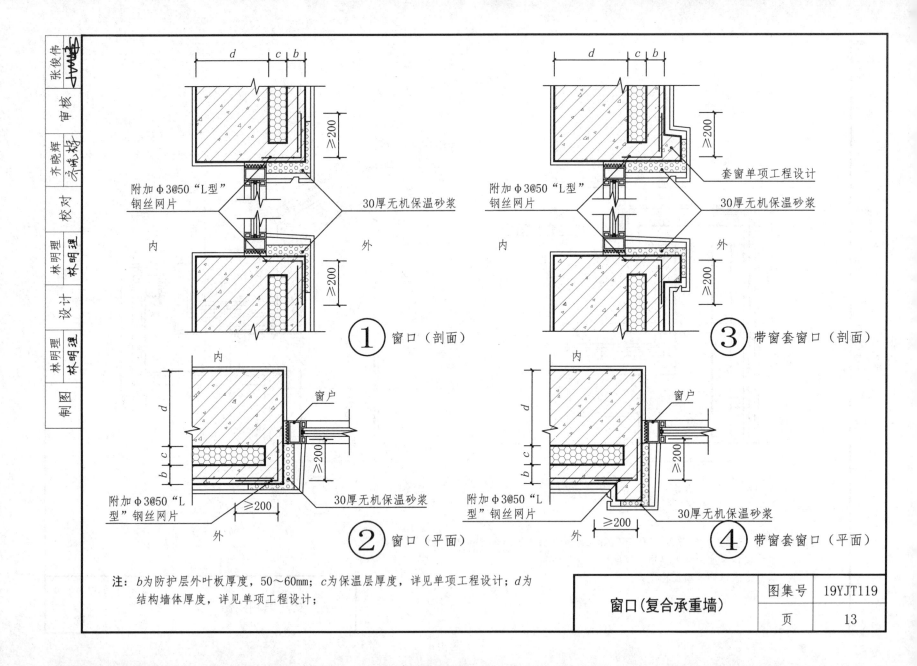

附加φ3@50 "L型"钢丝网片

30厚无机保温砂浆

内   外

① 窗口（剖面）

套窗单项工程设计

附加φ3@50 "L型"钢丝网片

30厚无机保温砂浆

内   外

③ 带窗套窗口（剖面）

内

窗户

附加φ3@50 "L型"钢丝网片

30厚无机保温砂浆

外

② 窗口（平面）

内

窗户

附加φ3@50 "L型"钢丝网片

30厚无机保温砂浆

外

④ 带窗套窗口（平面）

注：b为防护层外叶板厚度，50～60mm；c为保温层厚度，详见单项工程设计；d为结构墙体厚度，详见单项工程设计；

窗口（复合承重墙）

图集号 19YJT119

页 13

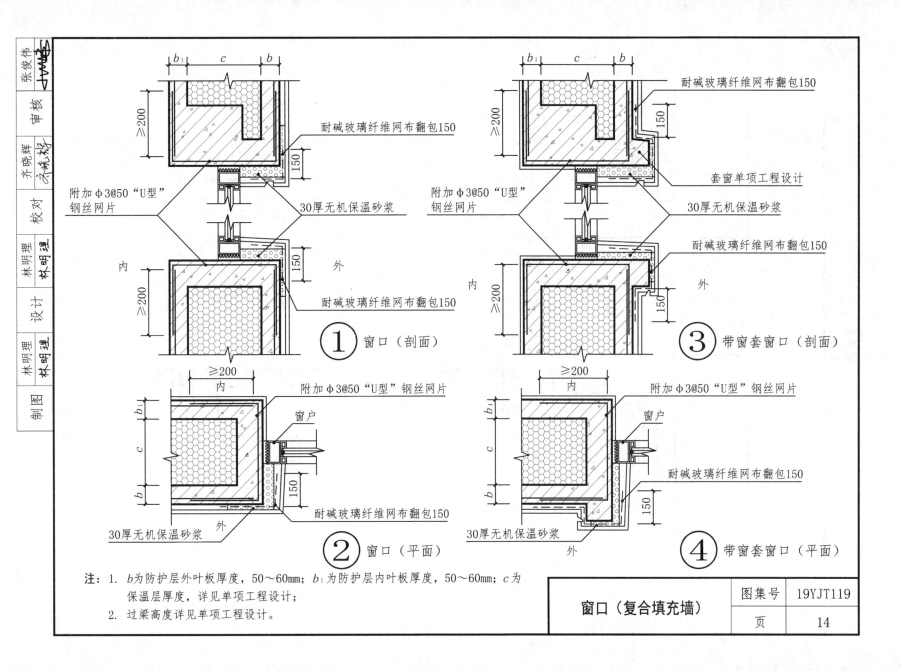

① 窗口（剖面）

附加φ3@50"U型"钢丝网片

耐碱玻璃纤维网布翻包150

30厚无机保温砂浆

耐碱玻璃纤维网布翻包150

内　外

② 窗口（平面）

附加φ3@50"U型"钢丝网片

窗户

耐碱玻璃纤维网布翻包150

30厚无机保温砂浆

内　外

③ 带窗套窗口（剖面）

耐碱玻璃纤维网布翻包150

套窗单项工程设计

30厚无机保温砂浆

耐碱玻璃纤维网布翻包150

内　外

附加φ3@50"U型"钢丝网片

④ 带窗套窗口（平面）

附加φ3@50"U型"钢丝网片

窗户

耐碱玻璃纤维网布翻包150

30厚无机保温砂浆

内　外

注：1. b为防护层外叶板厚度，50～60mm；b_1为防护层内叶板厚度，50～60mm；c为保温层厚度，详见单项工程设计；

　　2. 过梁高度详见单项工程设计。

| 窗口（复合填充墙） | 图集号 | 19YJT119 |
| | 页 | 14 |

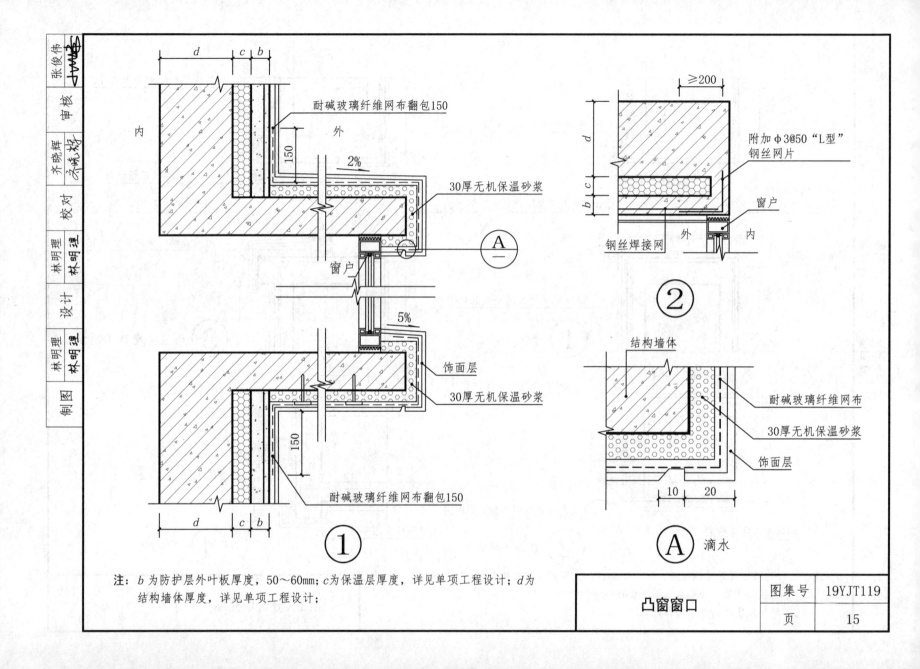

耐碱玻璃纤维网布翻包150

内

外

2%

30厚无机保温砂浆

150

窗户

①A

5%

饰面层

30厚无机保温砂浆

150

耐碱玻璃纤维网布翻包150

①

≥200

附加φ3@50"L型"钢丝网片

窗户

钢丝焊接网

外　内

②

结构墙体

耐碱玻璃纤维网布

30厚无机保温砂浆

饰面层

10　20

A 滴水

注：b为防护层外叶板厚度，50～60mm；c为保温层厚度，详见单项工程设计；d为
　　结构墙体厚度，详见单项工程设计；

凸窗窗口

图集号 19YJT119

页 15

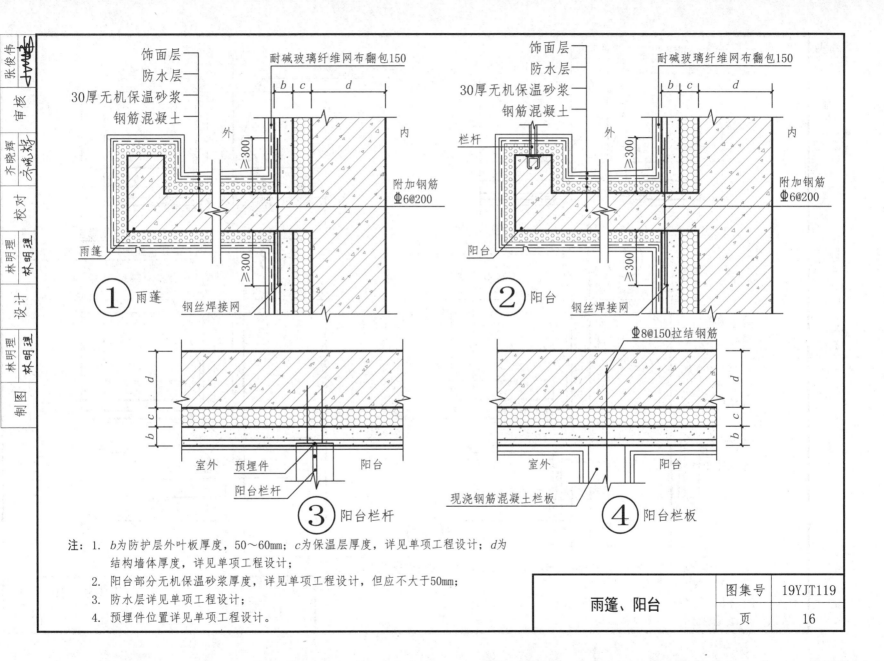

图① 雨蓬

饰面层
防水层
30厚无机保温砂浆
钢筋混凝土
耐碱玻璃纤维网布翻包150

外　内

≥300
≥300

附加钢筋
Φ6@200

雨蓬

钢丝焊接网

图② 阳台

饰面层
防水层
30厚无机保温砂浆
钢筋混凝土
耐碱玻璃纤维网布翻包150

栏杆

外　内

≥300

阳台

附加钢筋
Φ6@200

钢丝焊接网

图③ 阳台栏杆

室外　预埋件　阳台

阳台栏杆

图④ 阳台栏板

Φ8@150拉结钢筋

室外　阳台

现浇钢筋混凝土栏板

注：1. b为防护层外叶板厚度，50～60mm；c为保温层厚度，详见单项工程设计；d为结构墙体厚度，详见单项工程设计；

2. 阳台部分无机保温砂浆厚度，详见单项工程设计，但应不大于50mm；

3. 防水层详见单项工程设计；

4. 预埋件位置详见单项工程设计。

雨篷、阳台	图集号	19YJT119
	页	16

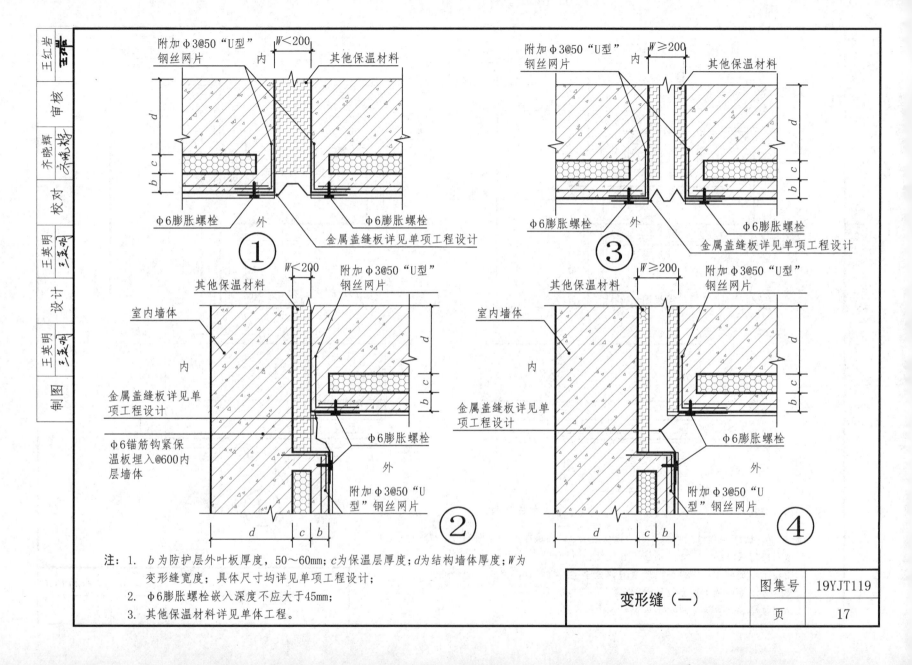

① 附加 Φ3@50"U型"钢丝网片　内　W<200　其他保温材料
Φ6膨胀螺栓　外　Φ6膨胀螺栓
金属盖缝板详见单项工程设计

③ 附加 Φ3@50"U型"钢丝网片　内　W≥200　其他保温材料
Φ6膨胀螺栓　外　Φ6膨胀螺栓
金属盖缝板详见单项工程设计

② 其他保温材料　W<200　附加 Φ3@50"U型"钢丝网片
室内墙体
内
金属盖缝板详见单项工程设计
Φ6锚筋钩紧保温板埋入@600内层墙体
外
Φ6膨胀螺栓
附加 Φ3@50"U型"钢丝网片
d c b

④ 其他保温材料　附加 Φ3@50"U型"钢丝网片 W≥200
室内墙体
内
金属盖缝板详见单项工程设计
外
Φ6膨胀螺栓
附加 Φ3@50"U型"钢丝网片
d c b

注：1. b 为防护层外叶板厚度，50～60mm；c 为保温层厚度；d 为结构墙体厚度；W 为
变形缝宽度；具体尺寸均详见单项工程设计；
2. Φ6膨胀螺栓嵌入深度不应大于45mm；
3. 其他保温材料详见单体工程。

| 变形缝（一） | 图集号 | 19YJT119 |
| | 页 | 17 |

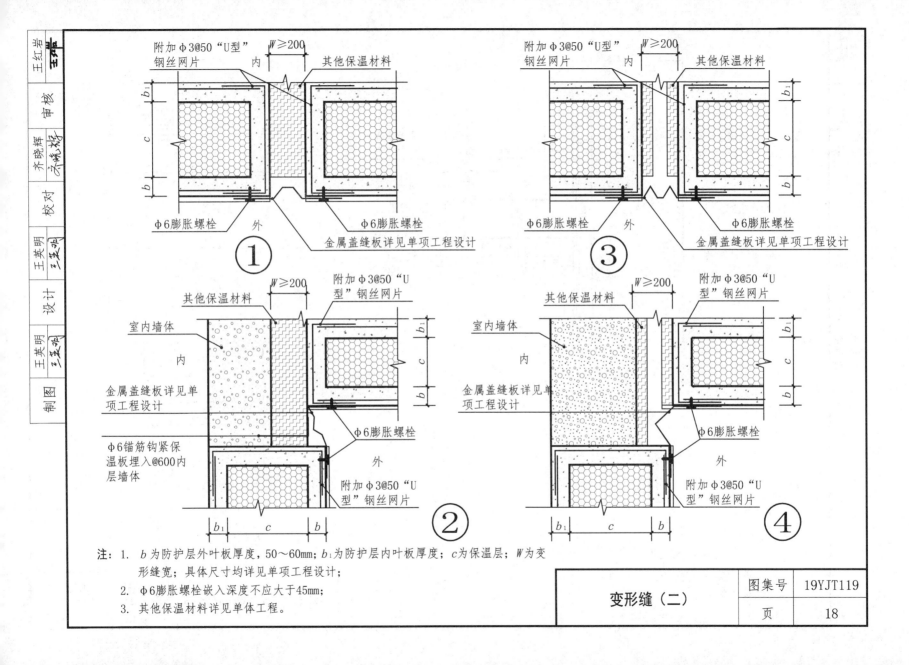

注：1. b 为防护层外叶板厚度，50～60mm；b_1 为防护层内叶板厚度；c 为保温层；W 为变
　　　形缝宽；具体尺寸均详见单项工程设计；
　　2. φ6膨胀螺栓嵌入深度不应大于45mm；
　　3. 其他保温材料详见单体工程。

变形缝（二）	图集号	19YJT119
	页	18

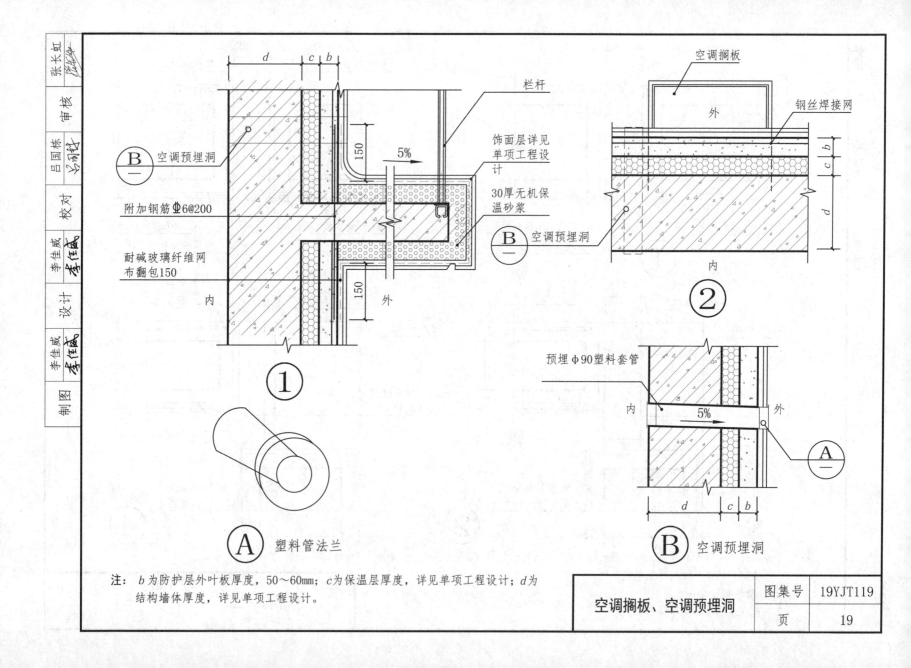

张长虹	签名
审核	
吕国栋	签名
校对	
季佳威	季佳威
设计	
季佳威	季佳威
制图	

空调预埋洞

$\overset{B}{\text{—}}$

附加钢筋 Φ6@200

耐碱玻璃纤维网
布翻包150

内

栏杆

饰面层详见
单项工程设
计

30厚无机保
温砂浆

$\overset{B}{\text{—}}$ 空调预埋洞

外

150

150

5%

d　c　b

①

空调搁板

外

钢丝焊接网

c　b

d

内

②

预埋 Φ90 塑料套管

内　　5%　　外

$\overset{A}{\text{—}}$

d　c　b

$\overset{A}{\text{—}}$ 塑料管法兰

$\overset{B}{\text{—}}$ 空调预埋洞

注: b为防护层外叶板厚度，50～60mm；c为保温层厚度，详见单项工程设计；d为
结构墙体厚度，详见单项工程设计。

空调搁板、空调预埋洞

图集号	19YJT119
页	19

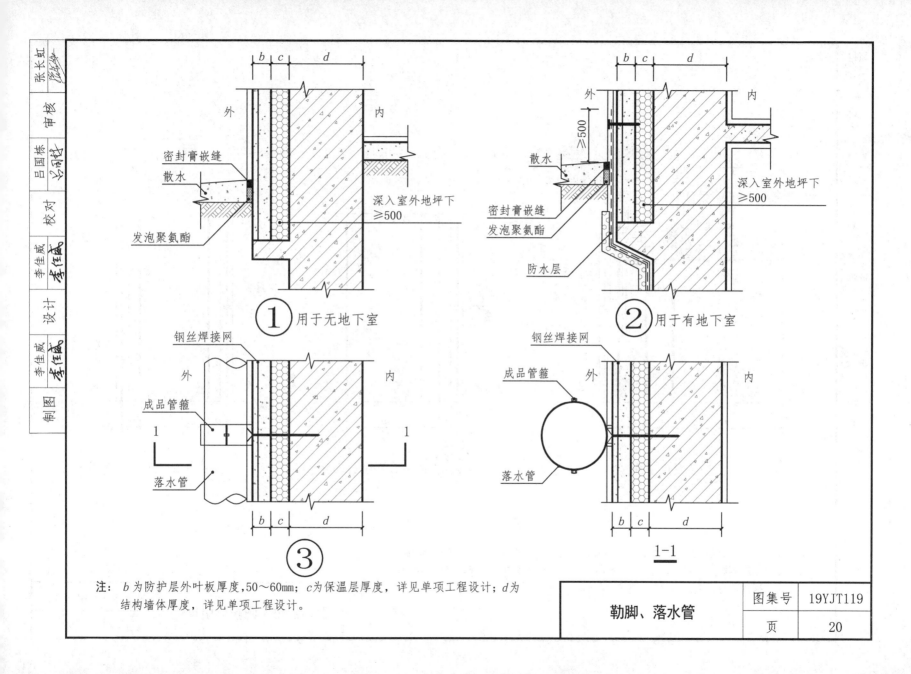

① 用于无地下室

② 用于有地下室

③

1-1

外　内

密封膏嵌缝
散水
发泡聚氨酯

深入室外地坪下
≥500

≥500

散水
密封膏嵌缝
发泡聚氨酯

深入室外地坪下
≥500

防水层

钢丝焊接网
外　内
成品管箍
落水管

钢丝焊接网
成品管箍
外　内
落水管

b c d

注：b 为防护层外叶板厚度,50～60mm；c 为保温层厚度,详见单项工程设计；d 为结构墙体厚度,详见单项工程设计。

| 勒脚、落水管 | 图集号 | 19YJT119 |
| | 页 | 20 |

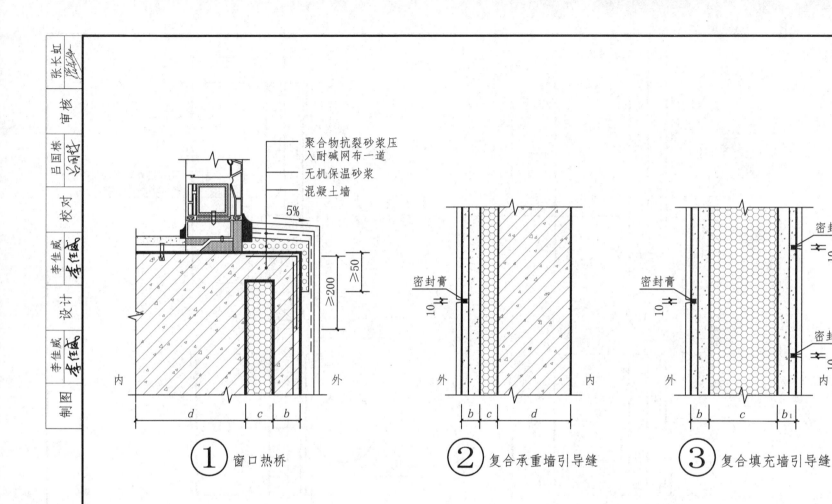

聚合物抗裂砂浆压入耐碱网布一道

无机保温砂浆

混凝土墙

5%

≥200

≥50

内

外

d

c

b

① 窗口热桥

密封膏

10

外

内

b

c

d

② 复合承重墙引导缝

密封膏

10

密封膏

10

外

内

b

c

b₁

③ 复合填充墙引导缝

注：1. b 为防护层外叶板厚度，50～60mm；b_1 为防护层内叶板厚度，50～60mm；c 为保温层厚度，详见单项工程设计；d 为结构墙体厚度，详见单项工程设计；
2. 热桥部位处理应由单项工程计算确定。

窗口热桥、防护层引导缝

图集号	19YJT119
页	21

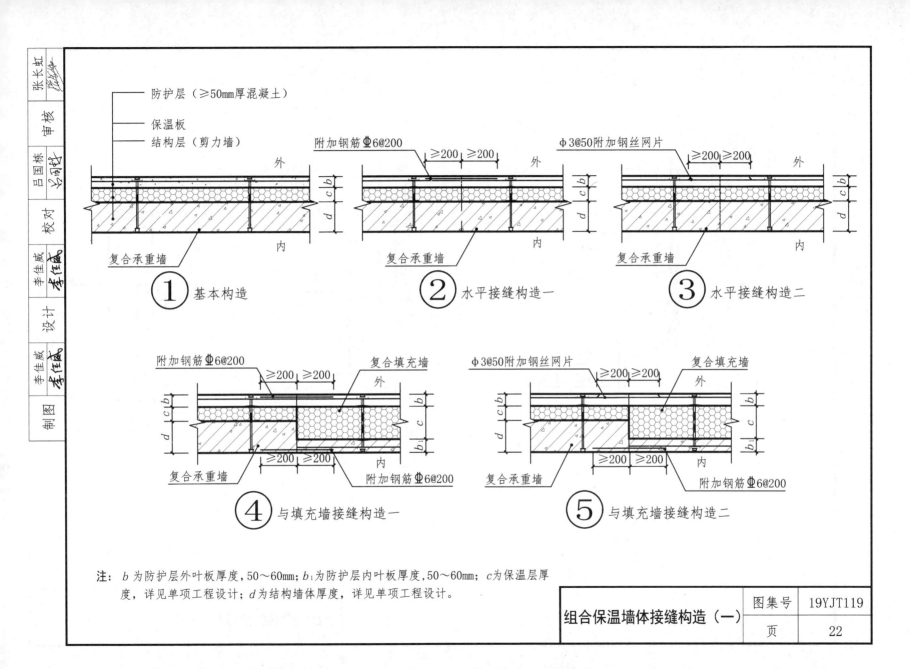

注：b为防护层外叶板厚度，50～60mm；b_1为防护层内叶板厚度，50～60mm；c为保温层厚度，详见单项工程设计；d为结构墙体厚度，详见单项工程设计。

组合保温墙体接缝构造（一）

图集号	19YJT119
页	22

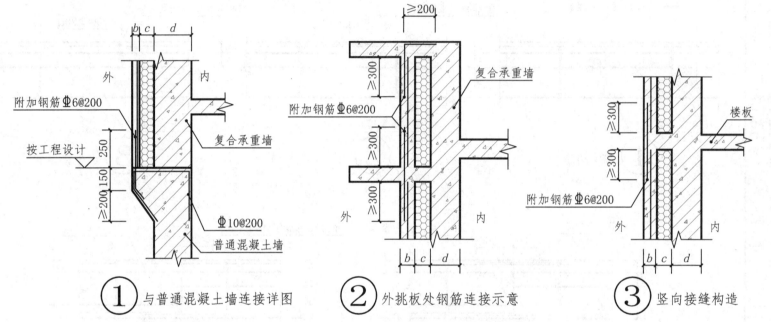

① 与普通混凝土墙连接详图

② 外挑板处钢筋连接示意

③ 竖向接缝构造

注：b 为防护层外叶板厚度，50～60mm；c 为保温层厚度，详见单项工程设计；d 为
　　结构墙体厚度，详见单项工程设计；

	图集号	19YJT119
组合保温墙体接缝构造（二）	页	23

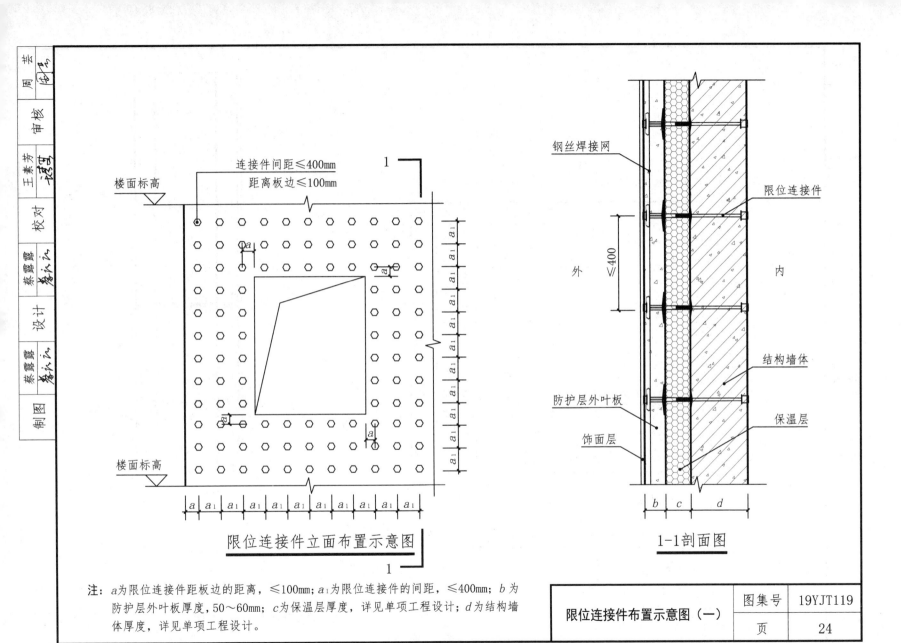

连接件间距≤400mm
距离板边≤100mm

楼面标高

a

a

a_1

楼面标高

a a_1 a_1 a_1 a_1 a_1 a_1 a_1 a_1 a_1

限位连接件立面布置示意图

钢丝焊接网

限位连接件

外　　内

防护层外叶板

饰面层

结构墙体

保温层

b c d

1-1剖面图

注：a为限位连接件距板边的距离，≤100mm；a_1为限位连接件的间距，≤400mm；b为防护层外叶板厚度，50～60mm；c为保温层厚度，详见单项工程设计；d为结构墙体厚度，详见单项工程设计。

限位连接件布置示意图（一）	图集号	19YJT119
	页	24

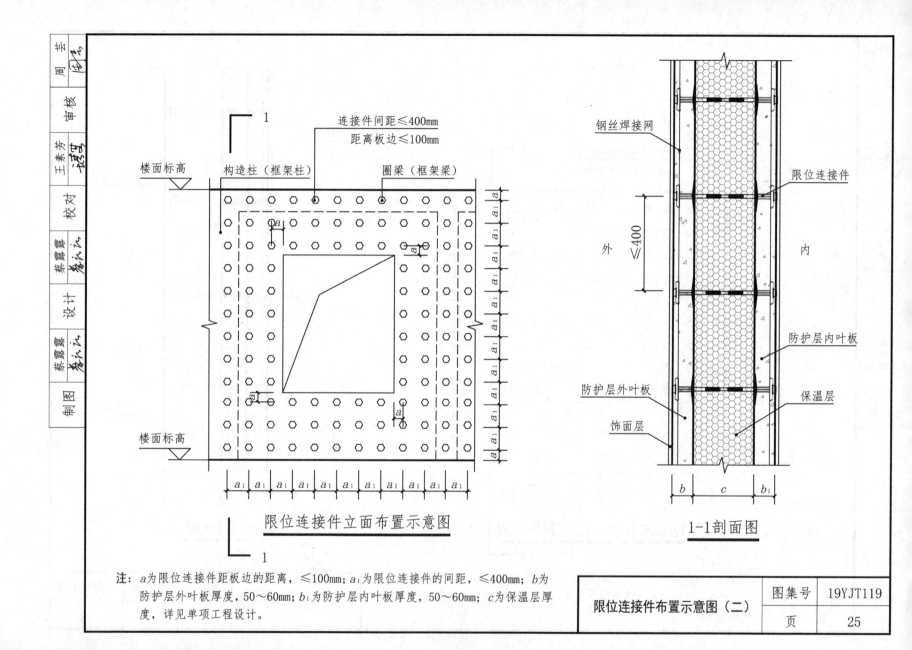

限位连接件立面布置示意图

连接件间距≤400mm
距离板边≤100mm

楼面标高
构造柱（框架柱）
圈梁（框架梁）

楼面标高

钢丝焊接网

限位连接件

外　　内

≤400

防护层内叶板

防护层外叶板

保温层

饰面层

1-1剖面图

注：a为限位连接件距板边的距离，≤100mm；a₁为限位连接件的间距，≤400mm；b为防护层外叶板厚度，50～60mm；b₁为防护层内叶板厚度，50～60mm；c为保温层厚度，详见单项工程设计。

| 限位连接件布置示意图（二） | 图集号 | 19YJT119 |
| | 页 | 25 |

审核　周芸
王素芳
校对
设计
制图

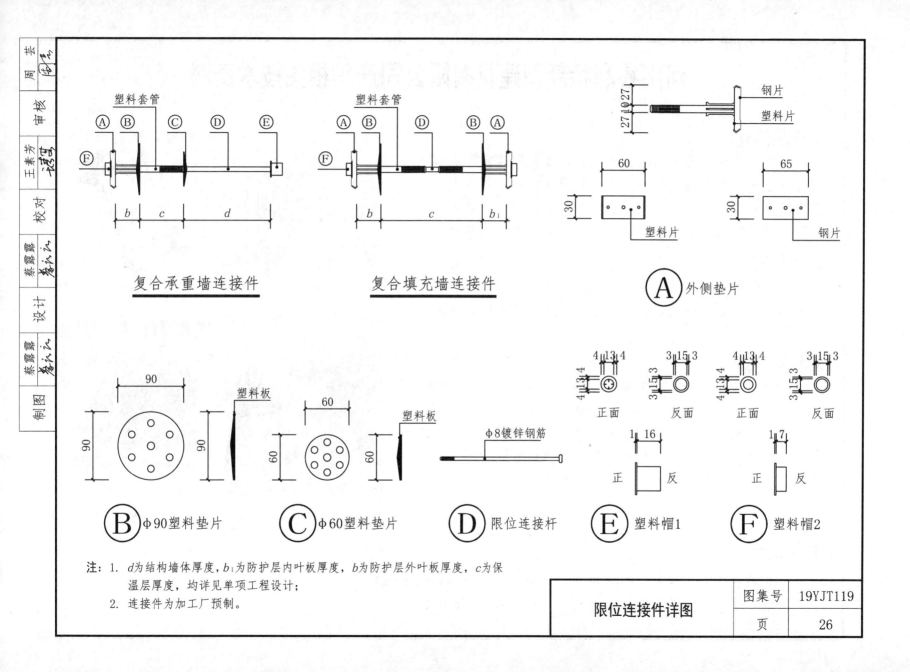

复合承重墙连接件

复合填充墙连接件

塑料套管

钢片
塑料片

Ⓐ 外侧垫片

塑料片

钢片

Ⓑ φ90塑料垫片

塑料板

Ⓒ φ60塑料垫片

塑料板

Ⓓ 限位连接杆

φ8镀锌钢筋

Ⓔ 塑料帽1

正面　反面　正面　反面

正　反

Ⓕ 塑料帽2

正　反

注：1. d为结构墙体厚度，b_1为防护层内叶板厚度，b为防护层外叶板厚度，c为保温层厚度，均详见单项工程设计；
　　2. 连接件为加工厂预制。

限位连接件详图	图集号	19YJT119
	页	26

河南睿利特新型建材有限公司产品相关技术资料

1. 产品简介

　　该产品是将保温板用限位连接件与钢丝网连接形成钢丝网片保温板，然后将钢丝网片保温板置于结构钢筋外侧，用限位连接件主筋穿透保温板与主体结构连接并支撑模板，内外侧同时浇筑混凝土保护层，形成无空腔内置保温体系。

2. 适用范围

　　适用于非抗震区及抗震设防烈度不大于8度的新建、扩建民用建筑中采用现浇混凝土内置保温体系的设计、施工和质量验收。

3. 性能特点

　　利用传统保温材料即可满足75%节能设计标准，通过调整保温层厚度还能满足更高的节能要求。

　　同时具有防火、耐久、抗震、环保及免维护、工期短、造价低等性能特点，彻底解决了外墙外保温系统开裂、脱落的通病，保证了建筑保温与结构的同寿命。

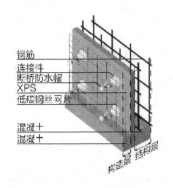

注：本页根据河南睿利特新型建材有限公司提供的技术资料编制。

参编企业

河南睿利特新型建材有限公司	张功利	13838546552
河南百通伟业保温工程有限公司	张强功	17071891111